精准扶贫丛书
种养致富系列

葡萄一年两收种植
致富图解

白先进 等 编著

广西科学技术出版社

图书在版编目（CIP）数据

葡萄一年两收种植致富图解 / 白先进等编著. —南宁：
广西科学技术出版社，2019.11（2020.3重印）
ISBN 978-7-5551-1242-6

Ⅰ.①葡… Ⅱ.①白… Ⅲ.①葡萄栽培—图解
Ⅳ.①S663.1-64

中国版本图书馆CIP数据核字（2019）第227299号

葡萄一年两收种植致富图解
白先进 等 编著

责任编辑：黎志海 张 珂		封面设计：韦娇林	
责任印制：韦文印		责任校对：陈庆明	

出 版 人：卢培钊
出版发行：广西科学技术出版社　　　　　　地　　　址：广西南宁市东葛路66号
网　　　址：http://www.gxkjs.com　　　　　邮政编码：530023

经　　　销：全国各地新华书店
印　　　刷：广西雅图盛印务有限公司
地　　　址：南宁市高新区创新西路科铭电力产业园　　　邮政编码：530007
开　　　本：787 mm×1092 mm 1/16
字　　　数：93千字　　　　　　　　　　　　印　　　张：6.25
版　　　次：2019年11月第1版　　　　　　　印　　　次：2020年3月第2次
书　　　号：ISBN 978-7-5551-1242-6
定　　　价：25.00元

编著人员名单

白先进　谢太理　王　博　陈爱军　张　瑛　刘金标

白　扬　曹雄军　曹慕明　宋雅琴　马广仁　娄兵海

何建军　时晓芳　林　玲[1]　韩佳宇　郭荣荣　成　果

周思泓　周咏梅　李洪艳　谢蜀豫　陈国品　林　玲[2]

廖　原　文仁德　吴代东　张延辉　刘　萍　韦励业

李兴欢

目 录

1

一、概述

（一）葡萄的营养成分

葡萄含有丰富的营养成分。常见的红玫瑰葡萄和巨峰葡萄的营养成分见表1-1和表1-2。

表1-1　红玫瑰葡萄的营养成分（每100克含量）

热量	37千卡	脂肪	0.2 克
蛋白质	0.4克	碳水化合物	8.5 克
膳食纤维	2.2克	硫胺素	0.03 毫克
钙	17毫克	核黄素	0.02 毫克
镁	8毫克	烟酸	0
铁	<0.3毫克	维生素C	5 毫克
锰	0.08毫克	维生素E	1.66 毫克
锌	0.17毫克	维生素A	0
胆固醇	0	铜	0.17 毫克
胡萝卜素	0.2微克	钾	119毫克
磷	13毫克	视黄醇当量	88.5 微克
钠	1.5毫克	硒	0

表1-2　巨峰葡萄的营养成分（每100克含量）

热量	50千卡	脂肪	0.2克
蛋白质	0.4克	碳水化合物	11.6克
膳食纤维	0.4克	硫胺素	0.03毫克
钙	7毫克	核黄素	0.01毫克
镁	6毫克	烟酸	0.1毫克
铁	<0.6毫克	维生素C	4毫克
锰	0.04毫克	维生素E	0.34毫克
锌	0.14毫克	维生素A	5微克
胆固醇	0	铜	0.1毫克
胡萝卜素	0.4微克	钾	128毫克
磷	17毫克	视黄醇当量	87微克
钠	2毫克	硒	0.5微克

（二）世界主要葡萄生产国家种植及产量情况

2018年，我国葡萄种植面积虽然排世界第二位，但产量稳居第一位，占世界葡萄总产量的19%；意大利和美国葡萄产量并列世界第二位，各占世界葡萄总产量的9%；法国葡萄产量占世界葡萄总产量的8%；葡萄种植面积世界第一的西班牙，葡萄产量占世界葡萄总产量的7%。

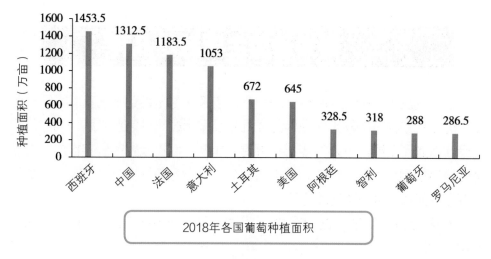

2018年各国葡萄种植面积

（三）我国葡萄种植面积及产量情况

葡萄是分布在我国各地最广的果树，北至黑龙江、南至海南岛、东起山东、西至新疆都有葡萄栽培。据报道，2016年我国新疆、云南、河北、山东等四大主产区葡萄产量超过百万吨，此外浙江、陕西、辽宁、河南、江苏、广西等省区年产量均在50万吨以上。

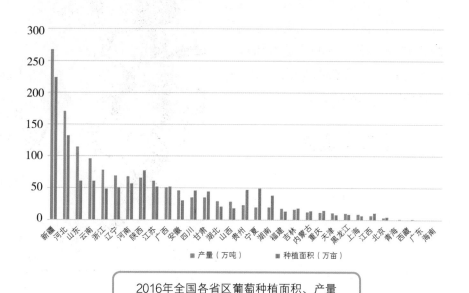

2016年全国各省区葡萄种植面积、产量

二、南方葡萄主要栽培品种

由于高温多雨的气候条件，南方在过去被认为是葡萄不适宜栽培区，自从引进了抗逆性好的欧美杂交种巨峰葡萄及采用避雨栽培技术后，南方的葡萄产业得到了发展。进入21世纪，葡萄一年两收栽培技术的研究推广促进了南亚热带葡萄新产区的形成，将不适宜栽培区变为特殊优势栽培区。葡萄产业成为农民致富奔小康的优势产业。

葡萄的品种繁多，这里重点介绍适宜南方葡萄发展产业的几个优良品种。

（一）巨峰

巨峰葡萄具有树势强、抗逆性强、果粒大、品质优良、商品性好等特点。果粒椭圆形，平均粒重9~12克；果皮厚、紫黑色，易剥皮，果粉中等厚；肉软多汁，有肉囊，味酸甜，有草莓香味，可溶性固形物含量为17%~19%。花芽分化容易，副梢结实力强，是适宜一年两收栽培的优良品种。适应性强，可栽植区域广，果实较耐贮运，是目前我国栽培面积最大的品种之一。

（二）夏黑

夏黑葡萄果粒近圆形，果皮紫黑色或蓝黑色，自然平均粒重2克左右，经生长调节剂处理后粒重可达8~10克；果肉硬脆，有浓郁的草莓香味，味浓甜，无核，可溶性固形物含量可达18%~20%。植株生长势极强，产量

巨峰葡萄

夏黑葡萄

高，抗病力中等。比巨峰葡萄早熟，花芽分化好，适宜一年两收栽培。在南宁6月中旬成熟，在云南建水5月中下旬成熟。经赤霉素处理后坐果率提高，果粒着生紧密或极紧密，提高了耐贮运性。

（三）阳光玫瑰

阳光玫瑰葡萄果穗整齐美观，果粒大，平均粒重10～12克，果皮黄绿色，含糖量高，可溶性固形物含量为18%～20%，风味极佳，肉脆皮薄，肉质细腻，具有特殊的玫瑰香味，口感清爽，甜而不腻。比巨峰葡萄晚熟20天，是当前公认的、极具发展潜力的玫瑰香型品种。阳光玫瑰葡萄的优点如下。

①栽培性状好，丰产性好。

②抗病性与巨峰葡萄相近，比夏黑葡萄强。

③绿色品种在南方没有高温着色难问题。

④不裂果。

⑤香气浓郁。

⑥耐贮运。

⑦控制好产量，在保证7月上旬成熟的基础上，可进行一年两收栽培。

阳光玫瑰葡萄

三、葡萄的生长习性

（一）根的习性

根系是葡萄吸收土壤中养分和水分的主要器官，还起到固定葡萄树体的作用。葡萄一般采用扦插或嫁接繁殖，葡萄砧木也是扦插繁殖而来的，因此葡萄没有主根，其根系只有许多骨干根，分布较浅，大多数分布在浅土层，只有少数根向垂直方向发展。

葡萄根毛带是根系吸收水分和养分的主要区域。土壤水分过多，则根毛少；土壤干旱，则会引起根毛萎蔫枯死，从而影响养分吸收。根毛带会随着年龄老化而逐渐死亡，但根尖的不断生长，又产生新的根毛。

葡萄的根

根系的分布深度与土壤的通气性、地下水位的高低及葡萄品种有关。土壤通气性好、土层深厚、地下水位低，根系分布可达1~2米；反之，根系分布浅。葡萄根系一般分布于表土层20~40厘米。葡萄幼苗根系恢复很快，定植1个月的葡萄，在条件良好的情况下会长出大量新根。葡萄根系在温度适宜时（超过12℃）全年均可生长。

定植1个月的葡萄根系生长情况

（二）茎的结构及生长习性

葡萄是藤本植物。在自然状态下，为了获得光照和空间而攀援在其他植物上生长。葡萄的茎蔓生，具有细长、坚韧、组织疏松、质地轻软、生长迅速的特点，着生有卷须以攀援，通常称为枝蔓或蔓。在栽培条件下，必须通过重修剪和绑缚，才能使植株离开地面，并向上生长。茎是由种子的胚芽（实生苗）或插条上端的芽（扦插苗）发育形成的。

葡萄藤蔓性的茎

冬季修剪前葡萄的地上部分由以下各部分组成。

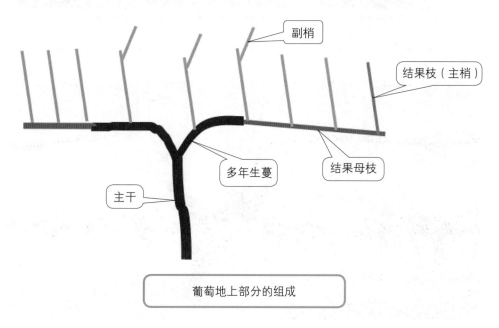

葡萄地上部分的组成

主干和多年生蔓为多年生枝，是永久性的或长期保留的主蔓或主干，树皮为黑褐色，容易脱落。在自然状态下，葡萄老蔓直径可达10厘米以上，个别可达30～40厘米。

日本植原葡萄研究所内一株80年生的葡萄树，老蔓直径达30~40厘米

美国加州的葡萄树主干直径达30厘米

葡萄的新梢

新梢开始为绿色，随着组织成熟，枝条木质化和木栓化而呈褐色，新梢成熟落叶后称为一年生枝。一年生枝（主枝）上还有较细的分枝，即由副梢发育成的侧枝（包括多级侧枝）。新梢（主梢）由冬芽萌发而成，由节和节间、叶、卷须、花序和芽组成。在膨大的节一侧着生叶，另一侧光秃或着生卷须或花序。叶腋中有夏芽，当年萌发并抽生副梢。

葡萄的卷须是茎的变态，其作用主要是攀援他物以固定枝蔓。在栽培条件下，不需要卷须固定，通常应及时剪除。

（三）芽的特性

1. 芽的类型与特点

所有葡萄的一年生枝每节都有夏芽和冬芽。

（1）夏芽

在新梢每个节的叶腋处有1个夏芽，与冬芽并生，属早熟性芽，当年形成并当年萌发。一般展叶后20多天即可成熟萌发为夏芽副梢。其叶腋内又能形成夏芽，因此在当年生长期内主梢上可多次抽生夏芽副梢，在摘心促进花芽分化时也可多次形成花芽，开花结果，但花序一般不如冬芽的好。新梢基部第3～5节处开始着生卷须或花序。主梢和副梢的顶端有顶芽，顶芽在新梢生长停止时干枯脱落。在南方，对巨峰、夏黑、美人指、意大利等易形成多次果的品种，加强夏季管理，利用夏芽副梢结二次果，可以增产增值。

葡萄的芽

枯死的顶芽

（2）冬芽

冬芽包括1个主芽和2～6个预备芽（副芽）。冬芽外有鳞片，鳞片上着生绒毛保护其越冬。冬芽为晚熟性芽，一般越冬后翌年春季萌发。

冬芽形成后并不马上进入休眠状态，在顶芽继续生长时当年一般不萌发。新梢还没有木质化前冬芽若受到刺激（如摘心、前部受伤等），容易在当年萌发出冬芽副梢，并在其上开花结果，因此可采取刺激措施使葡萄一年多次结果。冬芽随着新梢木质化和短日照影响后进入自然休眠状态，必须经过冬季一定的低温条件才能通过自然休眠期，在翌年气温上升后长成新梢。南方冬季低温往往不足，冬芽无法通过自然休眠期，必须通过破眠剂催芽才能使其整齐萌发。

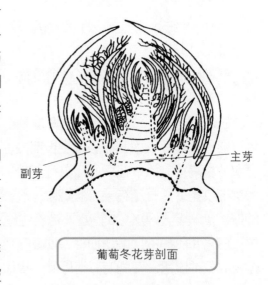

副芽

主芽

葡萄冬花芽剖面

2. 花芽分化

葡萄的花芽有冬花芽和夏花芽之分，一般一年分化1次，也可以一年分化多次。

（1）冬花芽的分化

开花期靠近主梢下部的冬花芽最先分化，各节冬花芽从下而上逐渐分化，但最基部1~3节的冬花芽分化稍迟或分化不完全。冬季休眠期间，冬花芽形态上不再出现明显的变化，直到翌年萌芽和展叶后又继续进行分化，保证树体养分的积累及发芽期间温度的稳定，对冬果及早春夏果的花芽继续分化至关重要。

为了实现一年2次结果，葡萄生长过程中往往要主梢摘心、控制夏芽副梢生长等，以促进冬花芽分化的进程，使其在短期内形成花穗原基，并完全分化成饱满的花芽，主梢冬花芽或副梢冬花芽当年萌发开花结2次果。

（2）夏花芽的分化

夏芽萌发的副梢一般不形成花穗，有关资料表明玫瑰香葡萄主梢摘心后，夏芽生长点第一天开始出现花芽第二个分支，第四天出现第三、第四个分支。由于分化时间短，花穗一般较小。夏花芽的分化、结实力因品种而异。

花芽良好分化的前提是营养状况和外界条件（光照、温度、雨量）要充分满足树体发育。营养积累差，外界条件不适宜，如雨量大、气温低均不利于花芽分化。花芽形成的最适温度为20~30℃，而新梢生长强壮、叶面积大，则冬花芽分化的强度和质量高。

由于葡萄的花芽分化与萌芽、新梢生长、开花坐果、浆果发育交叉重叠进行，因此，从萌芽至开花前后及浆果膨大期，需要供应充足的营养物质，同时也要进行夏季修剪（抹芽、疏枝、摘心、疏花、疏果和处理副梢），使树体处于最佳生长与繁殖平衡状态。特别是进行一年两收栽培的果园，更应该注意促进花芽分化。如营养条件不充足，有的花芽分化会终止甚至退化。

（四）叶的生长习性

葡萄的叶片有心形、楔形、五角形、近圆形和肾形。栽培葡萄的叶为单叶互生，由叶柄、叶片和托叶3部分组成。葡萄光合作用最适宜的温度为

28～30℃，阳光玫瑰最佳光合作用的温度为30～35℃。温度降低则同化作用减弱，当温度低于6℃时，光合作用几乎不能进行。葡萄叶片通过光合作用，利用光能和水、二氧化碳、矿物质元素合成生长发育所需的有机物。

葡萄叶的形态

（五）葡萄的花和花序

1. 葡萄花序

葡萄花序呈圆锥形，有的花序上还有副穗。

葡萄的花序

2. 花朵及花的结构

葡萄完全花的结构包括花帽、柱头、花药、子房等。

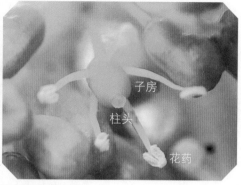

开花——花帽脱落

子房
柱头
花药

葡萄花的结构

3. 开花及授粉

葡萄花粉发芽最适宜温度为26～28℃，低于14℃会引起受精不良，一般授粉后2～4天完成受精过程。受精后，子房迅速膨大形成果实，这一过程称为坐果。无核果的形成因机理不同可分为2种类型，一是单性结实型，即不经受精而形成的果实；二是种子败育型，种子天然败育。

4. 落花落果与大小粒

落花落果是葡萄生长周期中正常的生理现象，一般葡萄在盛花后3～15天出现落花落果高峰，如巨峰葡萄在盛花后5天会进入落果高峰。但如果花果过度脱落，将使果穗变得松散，造成减产。在生产中还经常见到因受精不良出现果粒大小不一、果穗不整齐、成熟度不一致等现象，也会严重影响葡萄的产量和品质。

刚刚谢花（左）、落果后（右）
的阳光玫瑰

（六）果穗、浆果及种子的形态

1. 果穗

果穗的形状因品种不同而异，基本穗形为圆柱形、圆锥形和分枝形。

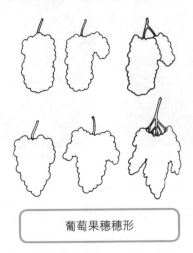

葡萄果穗穗形

　　一般生产上为了保证葡萄品质都要进行疏花疏果，果穗的整形也有利于包装运输。

葡萄果穗包装

2. 果粒

　　果粒的形状、大小、色泽因品种不同而有所差异。果粒的形状可分为圆柱形、长椭圆形、扁圆形、卵形、倒卵形等。但果粒形状、大小常因栽培条件和种子数量多少而有所变化。无籽葡萄深受市场欢迎，但大多数情况下，单性结实的无籽葡萄果粒较小，应用植物生长调节剂是促进果粒膨大的最好技术之一。国外新培育的无籽葡萄果实自然膨大，无须激素处理。

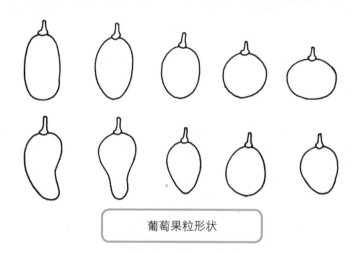

葡萄果粒形状

　　果皮色泽有绿白色、黄绿色、紫红色和紫黑色等。果皮的厚度可分为薄、中、厚，果皮厚韧的品种耐贮运，但鲜食时不爽口；果皮薄的品种鲜食爽口，但若成熟前久旱遇雨易引起裂果。一般优良的鲜食葡萄品种，应肉质

颜色形状各异的葡萄果粒

较脆而细嫩；酿酒或制汁用的品种要求有较高的出汁率。葡萄的品质主要取决于含糖量、含酸量、糖酸比、芳香物质含量以及果肉质地等。葡萄香味有玫瑰香味、草莓香味、麝香味等，有香味的葡萄深受市场欢迎。

3. 浆果的生长发育与成熟

（1）浆果生长发育期

葡萄从开花、坐果到浆果着色前为浆果的生长发育期，早熟品种为35～60天，中熟品种为60～80天，晚熟品种为80～90天。一般在开花后7天、果粒约绿豆大时，常出现生理落果现象。落果后留下的果实，一般需经历快速生长期、生长缓慢期和第二次生长高峰期3个阶段。

（2）浆果成熟期

从浆果开始着色到浆果充分成熟为浆果成熟期，持续时间为20～40天。酿造用的品种，一般质地柔软；而供鲜食、制干的品种，则表现肉质硬脆的特点。葡萄糖度超过8％才开始着色，在温度过高的条件下，即使浆果糖度高，着色也不充分。

果实负载量是影响果实成熟的最重要因素之一，负载量超过树体能承载的结果量时，葡萄成熟期将会推迟，因此控制合理的果实负载量将是保证果实成熟的一项重要管理技术措施。架式及整形方式对果实成熟的影响也很明显，合理的架式与整形可使叶片光照改善，从而提高光合产物累积，加快果实成熟。一些病毒病对果实成熟影响极大，如葡萄感染扇叶病毒后会延迟成熟1～4周，浆果含糖量及品质显著下降。

（七）葡萄的年生长发育周期

1. 树液流动期（伤流期）

春季，葡萄枝蔓新剪口或伤口处流出许多无色透明的液体，即为葡萄的伤流。伤流的出现说明葡萄根系开始大量吸收养分、水分，是进入生长期的标志。

不同品种葡萄的伤流发生时间不同。一般土温上升至7～9℃时开始出现伤流，此时其吸收作用主要是靠上年发生的有吸收功能的细根和根上附生的菌根。

葡萄的伤流

　　在栽培上需避免造成不必要的伤口而导致过多的伤流。伤流在展叶后逐渐停止。南方冬季土温高，葡萄一年两收栽培修剪冬果时又在夏季，两次修剪都容易出现伤流。要减少伤流必须在修剪前控制土壤水分，待修剪口干燥后再灌水催芽。

伤流过多造成冬芽死亡

2. 萌芽与花序生长期

萌芽和花序生长期又称为萌芽和新梢生长期。春季萌芽至开花始期，需35～55天。葡萄一年两收栽培的冬果在夏天修剪，这时温度高前期发育很快，从萌芽至开花需20～25天。南方冬季低温不足，两收栽培时第二造果在高温季节，都需要催芽才能整齐萌发。

葡萄萌芽与花序生长期

一般在昼夜平均气温稳定达10℃以上时葡萄开始萌芽。上一年叶片遭受病虫为害、结果过多、采收过晚等均会导致萌芽推迟。在萌芽前后，花序继续分化，形成花序的各级分枝，树体早期积累的营养状况对花序的质量有重要的影响。

在生长初期，新梢、花序和根系的生长主要依靠植株体内贮藏的有机营养，在叶片充分生长之后，才逐渐变为依靠新叶光合作用产物。这个时期如果营养不足或遇干旱，不能形成高光合效率的叶幕层，就会严重影响当年产量、品质和翌年的生产。

早春新梢生长较慢，以后随着温度升高而加快，至高峰时每昼夜生长量可达4～6厘米或更多。

葡萄新梢生长初期

3. 开花期

从开始开花至开花终止称为开花期，持续1～2周，是决定葡萄产量的重要时期。葡萄开始开花的第2～3天进入盛花期，这时枝条生长相对减缓。温度和湿度对开花影响很大，高温、干燥的气候有利于开花，能够缩短花期。相反，若花期遇到低温和降水，会延长花期。持续低温还会影响坐果和当年产量。另外，树势衰弱、贮藏营养不足或新梢徒长等都会影响花器的发育、授粉受精及坐果。一般在盛花后2～3天出现落花落蕾现象。

葡萄开花期

4. 浆果生长期

从花期结束至浆果开始成熟前为葡萄浆果生长期。当幼果直径3～4毫米时，有一个落果高峰。在此期间，果实增长迅速，新梢的加长生长减缓而加粗生长变快，基部开始木质化，浆果生长期末果实开始转色。浆果生长期冬芽开始旺盛的花芽分化。

葡萄浆果生长期

5. 浆果成熟期

浆果成熟期是指浆果从开始成熟到完全成熟的一段时期。成熟期开始的外部标志是果粒变软而有弹性，无色品种果粒的绿色变浅，有色品种果粒

夏黑葡萄成熟过程

开始着色，果粒的生长迅速，进入第二个生长高峰。果粒含糖量急剧增加，含酸量下降，果皮内芳香物质逐渐形成，单宁则不断减少。种子由绿色变为棕褐色，种皮变硬。浆果成熟期持续天数因品种不同而有所差异，一般为20～30天或更长。

6. 枝蔓老熟期

多数品种枝蔓老熟期与果实始熟期同步或稍晚。当果实采收后，叶片的光合作用仍很旺盛，因此光合产物大量转入枝蔓内部，使枝条内的淀粉和糖分迅速增加，水分含量逐渐减少。同时木质部、韧皮部和髓射线的细胞壁变厚或木质化。

葡萄枝蔓老熟期

新梢成熟得好，就有可能更好地促进当年冬果花芽的分化。夏季采收后做好病虫害防治，及时供应肥水，及时控制新梢生长，促进营养积累和花芽分化，是保证当年冬果产量的基础。此时根系生长又会出现一个高峰，促进这次根系发育，对当年二次结果非常关键。

南方此时气温仍是最高时段，葡萄老叶逐步失去有效的光合能力，仅依靠高节位叶片进行光合作用。基部叶片逐渐老化，在叶内大量累积钙，而氮、磷、钾的含量减少，老叶开始变黄脱落。

7. 休眠期

从秋冬季落叶开始至翌年春季萌芽之前为葡萄休眠期，分为自然休眠（生理休眠）期和被迫休眠期2个阶段。

葡萄冬季落叶

一般在习惯上将落叶作为自然休眠开始的标志。但实际上葡萄新梢上的冬芽随着枝条木质化及日照变短逐渐进入自然休眠状态，在短日照作用下进入自然休眠期。在冬季低温作用下，不同品种陆续结束自然休眠，此时如温度适宜，植株可萌芽生长。由于南亚热带地区冬季低温累积不能满足葡萄对低温的需求，则冬芽仍处于自然休眠状态，即使温度适宜葡萄也不会萌发。

葡萄自然休眠的解除需要一定时间的有效低温累积，如果有效低温累积不足，植株会出现萌芽延迟、萌芽不整齐，甚至不萌芽等现象。因此我国南方如广东、海南、云南和广西中南部大多数产区在春季和进行冬果生产的夏季需要使用催芽剂，代替葡萄冬芽对低温的需求，保证葡萄在温度适宜时及时整齐萌发。

四、葡萄对环境条件的要求及园地选择

（一）温度

葡萄对温度的适应性比较广，年平均温度为15~23℃时均可生长，整个生育期活动积温（≥10℃温度的总和）是确认品种能否适合栽培的标准之一。一般而言，葡萄从萌芽到成熟，极早熟品种要求≥10℃以上活动积温为2100~2500℃，早熟品种为2500~2900℃，中熟品种为2900~3300℃，晚熟品种为3300~3700℃，极晚熟品种为3700℃以上。

生长期温度界限为8~40℃，而最适温度为25~32℃。根系开始活动的温度为7~10℃，在25~30℃时生长最快；开花期的最适温度为25~30℃，低于15℃则不能正常开花和受精；成熟期要求较高的温度，最适温度为30~35℃，在此条件下，果实成熟快，品质优良，低于20℃果实成熟缓慢，品质差，低于16℃则不能正常成熟。叶片光合作用在25~35℃时最为旺盛，低于20℃、高于40℃时光合作用明显减弱。

（二）光照

葡萄是喜光性很强的植物，光照时数长短对葡萄生长发育、产量和品质有很大的影响。在充足的光照条件下，光合作用强，植株生长健壮充实，花芽形成和分化良好，叶片厚实，开花结果正常，产量高品质好；阴天多，光照强度不够，叶片大而薄。光照不足则新梢生长细弱，叶片变小，叶色浅，节间长而细弱，组织成熟度差，果穗小，落花落果多，产量低，品质差，花芽分化不良。但光照过强又会引起日灼现象发生。在南方多雨高湿条件下，葡萄具有生长量大、多次萌芽分枝的特点，极易造成架面枝叶过多，引起通风透光不良，植株光合能力下降。

光照充足，葡萄叶片厚实

光照不足，葡萄叶大而薄

（三）水分

葡萄是需水量较多的植物，对水的需求因物候期而异。在生长期内，从萌芽到开花对水分需求量最大，开花期减少，坐果后至果实成熟前要求均衡供水，成熟后对水的需求减少。在萌芽期、新梢生长期、幼果膨大期均要求有充足的水分供应，保持土壤含水量达70%左右为宜。限根栽培更要保持土壤湿润，特别在落花后10天左右，若水分不足，则浆果发育受阻，果粒小，生长后期还会发生大量裂果的现象。成熟期对水分要求最低，此时多雨会阻碍糖分积累，着色不良，品质降低，且易发生裂果现象并加重病害。在浆果成熟期前后土壤含水量以60%左右为宜。

南方雨量过多时要注意及时排水，以免湿度过大影响浆果质量，还易发生病害。如雨水过少，要每隔7~10天灌水1次，否则久旱逢雨易出现裂果现象，造成经济损失。

采用滴灌能及时均衡供应葡萄生长所需的水肥，保证葡萄正常生长，比传统漫灌、撒施化肥节约大量水肥，而且效果明显。采用限根栽培的，除阴雨天外，要根据植株生长情况及时采用滴灌或微喷供水。

（四）土壤

葡萄根系发达，对土壤的适应性极强，只要能够生长其他植物的土壤几乎都可以栽培葡萄，但以土层深厚、土质疏松、孔隙度适中、容重较小、透气性能良好、有机质含量高的沙质土壤为好。如果土壤黏重，应设法增加土壤有机质含量。土壤酸碱度对葡萄生长影响较大，土壤pH值以5～7为宜，最适pH值为6～6.5，pH值小于5、大于8都会影响葡萄生长。如果地下水位过浅，应开挖深沟排水并起高垄栽植或采用限根栽培。

南方水田大都属于黏重的土壤，雨季容易积水，透气性差，干旱时又易板结，对葡萄根系、枝叶生长及果实成熟不利，更要注意排水及土壤改良。地下水位高的地块采用限根栽培模式，可减轻水淹危害。

葡萄限根栽培

葡萄限根栽培可减轻水淹的危害

（五）葡萄园址的选择

葡萄既适宜大面积栽培，也可以在路边、沟边、林边、石山、滩涂等地种植，但并不是所有的地方都能够栽培葡萄。葡萄园址的选择应参考以下条件。

（1）根据国家土地总体规划建园

过多占用好田好地建葡萄园是不合适的。应本着不与粮争地的原则，结合当地政府土地规划或总体规划建园，尽量利用山地、坡地建园，避开低洼及历史上有水淹的地块。

坡地葡萄园

（2）根据葡萄对环境的要求建园

根据葡萄对光、热、水、土的要求，选择适合葡萄生长的地方建园，如低缓开阔的山坡地、有灌溉条件的干旱和半干旱地、地下水位比较低的地块等。土壤以土层深厚、土质疏松的细沙壤土最适宜，pH值为5.5～7.5。

（3）根据市场需求确定经营方向和建园规模

作鲜果栽培的，要根据市场需求确定建园规模。新建大面积葡萄园，事先应该考虑葡萄的销售问题，既要立足本地市场也要考虑就近外运市场，并具备外运的保障措施。

（4）交通条件

由于葡萄浆果不耐贮运，葡萄园应建在交通便利的地方。尤其是鲜食品种，一般应在城镇郊区、铁路、公路沿线建园，以便外运。深山、边远山区、交通不便利等地区，可考虑发展庭院葡萄，满足当地需求。

五、葡萄的架式与树形选择

南方葡萄栽培的架式多为Y形避雨篱架，为了发展高品质产品，选用平棚架避雨栽培也越来越普遍。

（一）篱架

（1）单篱架

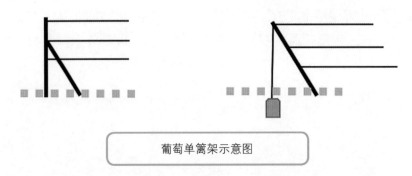

葡萄单篱架示意图

（2）双篱架

葡萄Y形避雨篱架示意图

葡萄Y形避雨篱架

葡萄全钢丝水泥柱小V形避雨篱架

（二）棚架

平棚架兼顾避雨，既经济又实用。

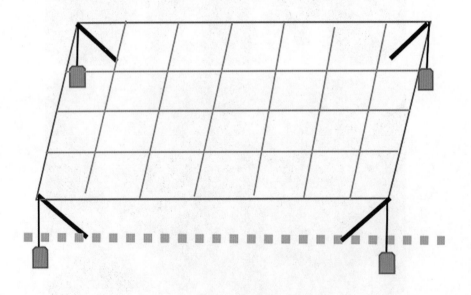

葡萄平棚架示意图

葡萄平棚架

（三）树形

在南方，Y形避雨篱架多采用单干水平多主枝栽培，形成V形叶幕，也称飞鸟叶幕，葡萄树形呈倾斜的篱臂形。

V形叶幕

水平棚架多T形（也称一字形）树型或H形。

T形树形及挂果情况

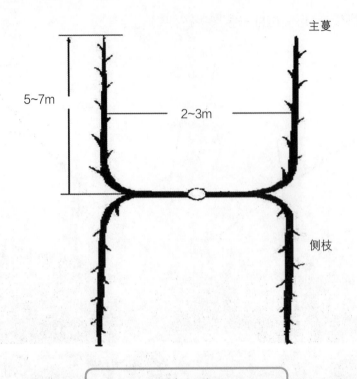

H形树形示意图

H形树形冬季修剪后

一年生H形树形冬季修剪后

H形树形定植第二年春天生长情况

H形树形挂果情况

六、建园及幼树管理

（一）种植密度

Y形避雨篱架栽培株行距建议（2~2.5）米×2.5米，亩栽106~133株。

一字形水平棚架栽培株行距建议（4~6）米×（2.5~2.8）米，亩栽40~66株。

H形水平棚架株行距建议 4米×（5~6）米，亩栽28~32株。

一字形水平棚架种植密度

（二）开沟与基肥

篱架栽培需开挖宽0.8米、深0.4~0.5米的浅沟。

拖拉机开沟

棚架栽培需开挖宽1米、深0.6米的定植坑。

钩机开沟

每亩施基肥2~3吨，将有机肥堆在挖出来的土上混匀回填。

施基肥

还可采用高0.6米、直径1米的限根器，将泥炭土、有机肥与土按1∶1∶1混匀填入，限根器内混合土高0.4米，以后逐年施入有机肥，5~6年填满后可逐步加大限根器。

限根栽培

葡萄定植方式一般为营养杯苗定植和裸根苗定植。

营养杯苗定植

裸根苗定植

（三）当年定植的幼树管理

葡萄花芽容易形成，南方管理较好的当年定植苗，秋冬季就能结果，但一般不建议留果。当年幼树管理的好坏是能否早结丰产的关键。正常管理，翌年即可进入盛果期，早于一般果树。

（1）勤追薄施肥水，促苗快长

栽植当年必须有足够的生长量，使主干和结果母枝达到一定的标准（篱架2米株距的主干直径≥1.5厘米）。因此，定植后2个月的肥水管理非常重要，一定要保证肥水供应，从幼苗长出3～4片叶时就开始追肥促长。

追肥应掌握"勤追薄施，先淡后浓，少量多次"的原则。前期以氮肥为主，同时磷、钾肥兼施，可用0.2%尿素加0.1%～0.2% 15∶15∶15复合肥溶液淋施，前3～4次每株每次施1～2升，以后增至2～4升，每隔5～7天追施1次。也可将花生麸沤熟稀释淋施，效果更好。接下来的水肥供应结合除草进行，使树体充实。9～10月树体成形后，追肥以磷、钾为主，可淋施或喷施0.2%～0.3%磷酸二氢钾溶液3～4次，促进花芽发化和枝条老熟。

（2）及时整形修剪，根据架式培养丰产树冠

Y形避雨篱架（株距1～2米）：幼苗定植萌发后先留1个健芽生长，其余的芽抹除，待芽长到20～30厘米时用小竹竿作支柱引蔓上架。

苗高20~30厘米插竹竿引蔓上架

植株长到7~8片叶时第一次摘心，促发二次梢，只留1个顶部副梢继续生长，其余的副梢抹掉，并注意结合施肥促梢。

7~8片叶时摘心并追肥

在新梢长到0.8~0.9米时摘心并留顶端2个副梢作主蔓培养，主蔓8~10片叶时摘心，摘心后长出的顶端副梢3~4片叶时反复摘心，其余副梢2~3片叶时反复摘心，促进枝梢增粗，有利于花芽分化。

苗高0.8~0.9米时摘心并留顶端2个副梢

苗高1米时左右分枝

分枝后绑蔓

其余侧生副梢1~2片叶时反复摘心，培养成翌年的结果母枝。

侧生副梢1~2片叶时反复摘心

当年冬季培养好健壮的结果母枝

当年培养成的结果母枝在第二年就可萌发花芽，秋季即可结果。

第二年萌芽出花情况

第二年结果情况

一字形整形：一字形整形关键是促进并平衡副梢生长，保证当年长满棚，葡萄苗长至1～1.5米时摘心分枝。

摘心分枝

当副梢开始生长时需大量肥水，必须保证肥水供应。

副梢生长旺盛

副梢变弱时对顶芽摘心，促进侧副梢生长。

顶芽摘心

个别过旺副梢4～5片叶时及时摘心，促进各侧副梢平衡生长。

生长过旺副梢4～5片叶时摘心

一般副梢6~8片叶时摘心1次，到满棚时停止摘心使副梢生长，促进花芽分化。

副梢6~8片叶时摘心

阳光玫瑰定植4~5个月的生长情况

阳光玫瑰定植9个月的生长情况

阳光玫瑰定植10个月修剪后

阳光玫瑰定植15个月挂果情况

夏黑定植15个月挂果情况

H形整形：苗高30厘米左右时第一次摘心，苗高1～1.5米时第二次摘心。

第二次摘心

第一次摘心

H形树形幼苗摘心

H形树形摘心后分枝情况

H形树形的成形效果

阳光玫瑰葡萄H形当年定植
满棚情况

阳光玫瑰葡萄H形定植第二年结果情况

（3）及时防治病虫害，保护枝叶

葡萄主要病虫害为黑痘病、霜霉病、锈病、白粉病、褐斑病、蓟马、斜纹夜蛾等，必须抓紧防治，保护好叶片是幼树丰产的关键。

如发现黑痘病可用40％福星8000～10000倍稀释液喷洒，发现霜霉病用霉多克1000倍稀释液喷洒。发现有害虫，用杀虫剂防治害虫，如蓟马用吡虫啉，斜纹夜蛾用菊酯类杀虫剂喷杀。用药时如遇雨，最好雨后加喷1次。由于葡萄是落叶果树，萌芽后早春生长期叶片少，用药量宜小，此时又是一年中控制病害首次感染的关键时期，因此，用药时间间隔宜短些，可达到用药成本低而防治病害效果好的目的。

为了更好地防控病虫害，定植第一年最好就盖上避雨膜。

定植第一年盖上避雨膜

七、成年树管理

（一）秋冬季管理

（1）基肥

葡萄收获后要尽早施一年的基肥，一般可以用拖拉机开浅沟，每亩施有机肥1～2吨，或在畦面施肥后用拖拉机翻耕再用薄土覆盖。限根栽培的可直接施在限根器内。

开沟施肥

施肥后翻耕

（2）催眠

落叶前避免葡萄新梢生长，多施磷肥、钾肥促进新梢老熟，后期控水，促进落叶休眠。在遇暖冬时，为了促进叶片黄化，要喷40％乙烯利500～600倍稀释液促进落叶休眠，以利于翌年发芽整齐。

葡萄冬季落叶

（3）修剪

葡萄落叶后一般在最冷的1月中旬修剪，修剪前控制土壤水分，减少修剪后的伤流（南方冬季土温过高，往往入冬后根系没有停止活动，修剪后容易造成大量伤流）。

葡萄伤流

一般采用一字形、H形棚架栽培的葡萄以短梢修剪为主，每条结果母枝留1～2个芽。

一字形棚架栽培葡萄冬剪

南方避雨栽培普遍采用Y形双篱架栽培葡萄，可选留生长充实的预备枝或上年结果枝作结果母枝，每株树留4条中长梢作结果母枝，2条短梢作预备枝，视株距和植株长势，长梢留6～12个芽，短梢留2～3个芽。剪去未成熟枝、细弱枝、病虫害枝、老蔓的残枝及留在结果母枝上的残果、果梗、卷须，在留芽前1～1.5厘米处剪断。

Y形双篱架栽培葡萄冬剪

（4）催芽

一般在桂中、桂南地区都要使用破眠剂催芽，才能保证葡萄尽早整齐萌发。破眠剂一般在日平均气温稳定回升到10℃以上时使用。

破眠剂为50%单氰胺（荣芽）15～20倍稀释液，每10千克加胭脂红100克使药液变红以便标记，用海绵块捆在木棍前端并用纱布捆成圆球形，吸取破眠剂液后人工点湿芽眼，顶端1～2个芽不点，以免顶芽先发，影响同一母枝其他部位冬芽的萌发。

催芽

注意事项：二造冬果在高温季节催芽只用单氰胺逼迫剪口芽萌发。在催芽过程中要戴胶手套，使用时注意不要使皮肤与破眠剂直接接触；露天栽培的葡萄催芽后8小时内遇大雨要及时补涂破眠剂；遇干旱天气时处理前后1天要充分灌水，并在萌芽前保持果园土壤湿润，最好连续3～5天傍晚对枝干喷水；在相对湿度低的地区催芽时，为了保证枝干的湿度，确保萌芽，还应扣棚保湿。操作时不能吃东西、喝饮料和抽烟，操作前后24小时内严禁饮酒或饮用含有酒精的饮料。

（二）萌芽期管理

（1）清园

在芽已经萌动但还未见绿前用石硫合剂（稀释倍数参考说明书）均匀喷枝干清园，对消灭越冬病虫效果最好。

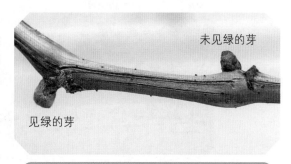

萌动的葡萄芽见绿和未见绿状态

（2）水肥

催芽后要灌一次透水促进萌芽。在一定范围内适当多施氮肥（巨峰等易落花落果品种坐果后再施氮肥），促进副梢萌发，起到多次开花结实提高产量的作用。但若施氮肥过量，则会引起枝梢徒长，导致大量落果，引起产量降低，而且还会引起新生枝条和根系木质化程度降低，影响越冬能力。追肥最好结合灌溉进行。

（3）疏芽摘心

葡萄萌芽后要抹芽定梢，萌芽长2～3厘米时对双生芽的节位选留1个花序分化良好的健康芽，其余芽抹除。过旺、过弱的芽要抹掉，保持新梢生长尽量一致。

每个节位萌发多个芽

双芽或多芽萌发，选留1个好的花芽，其余抹除

葡萄抹芽前生长状态

每个节位只留一个芽

葡萄抹芽后生长情况

（三）开花坐果期管理

花穗整形一是控制葡萄果穗大小，调节果穗形状，有利于果穗标准化；二是能提高坐果率，增大果粒；三是可提高花期一致性；四是减少疏果工作量。

无核化栽培花穗整形方法：开花前1～3天进行花穗整形，每穗花只保留穗尖3～3.5厘米，其余小穗均剪除。

花穗整形前

花穗整形后

无核化栽培花穗整形前后对比

对双头花穗整形，可以采用留副穗的方法。

双头花穗整形

有核栽培花穗整形方法：花前3天进行花穗整形，去除穗尖和副穗及上部过大的小穗，一般保留中部14～16个小穗，二造果保留16～18个小穗。

有核栽培花穗整形保留穗中段

为了促进二造花的花芽分化，可以在结果枝花序前2～4片叶处摘心，留顶部副梢3～6片叶再摘心，之后再留顶端副梢2～3片叶反复摘心至避雨棚边即可。

阳光玫瑰在满花后1～3天进行无核化处理，用3～4毫克/升吡效隆+25毫克/升赤霉素处理花序，10～15天后用相同浓度处理第二

第一次生长调节剂处理时花穗状态

次。巨峰葡萄在满花后1～3天进行无核化处理，可以采用1～2毫克/升吡效隆+10～12.5毫克/升赤霉素，10～15天后用相同浓度处理第二次；巨峰葡萄有核栽培的不用处理。

落果结束后开始疏果。

疏果效果

开花前后是全年病虫害防控的关键时期，要严格按照病虫害管理方法进行控制。

（四）果实膨大期管理

果实膨大期是葡萄一年中吸收肥料最多的时期，必须保证肥水的稳定均衡供应，促进果实膨大；疏果后及时套袋；及时防控病虫害；控制气（日）灼病发生。

微喷灌溉

发生气（日）灼的原因，一是品种自身缺陷；二是长期阴天，突然放晴，根系与叶面积在阴天形成的平衡状态被打破，根系供应不上水，又恰遇气灼发生敏感期（果实迅速膨大后期，即硬核期到软化期，敏感期为7～10天，果转色软化发病）；三是缺钙，有机肥少，树体营养整体不好；四是果实膨大剂用量太高或次数过多。

气灼　　　　　　　　　　　　　　　　　　日灼+气灼

发生日灼和气灼的葡萄果粒

土壤板结、有机肥含量低、水淹都会造成气灼现象，并且根系生长不良，气生根多。

葡萄果树产生气生根

果实膨大期应增加有机肥施用量，促进树体健康；前期开始补钙；硬核期前停止新梢生长，促进根系发育；靠近园边地方遮阳；果实套袋；喷水或生草栽培增加果园湿度；控制第二次膨大激素使用量；设施栽培要注意通风降温；刚发生气灼的果实不要急于摘除；水田栽培的葡萄（积水导致根系受害，吸收根坏死，遇晴天气灼发生最重）一定要做好排水工作。

果穗套袋

（五）果实成熟期管理

追肥时减少氮肥使用量，增加磷钾肥使用量；停止新梢生长，抹除所有副梢；适当减少供水，保持均衡供水；要注意排涝，避免裂果；做好炭疽病、灰霉病防控，采收前半个月停止施药；及时摘除鸟、鼠、虫为害的果实。

成熟期葡萄

（六）收获后的管理

收获后要及时追施有机肥，在收获后开浅沟施入或直接施在树盘、限根栽培框内后覆薄土，每亩施1～2吨；剪掉弱枝、病虫枝、果柄及荫蔽的枝条；及时防控病虫害，进行1次彻底清园。

八、葡萄的水肥管理技术

葡萄能当年种植第二年就进入丰产期，肥水管理非常重要。良好的葡萄园土壤养分含量较丰富，有机质含量在2%以上，土壤疏松通气，供肥保肥能力较强。

（一）基肥及追肥

1. 幼树的施肥

定植当年最好每亩施有机肥2～3吨改良土壤，再根据小苗长势及时追施化肥。定植后葡萄根系开始发育，伸展不远，刚开始追肥时应靠近小苗周围追施化肥，采用少施多次的方式，淋施可以采用0.3%～0.5%尿素溶液，5天施1次，逐步过渡到氮、磷、钾肥配合施用，如尿素：磷酸二氢钾=1：1；滴灌开始时每亩每次施1～1.5千克化肥，根据长势逐步过渡到每亩每次施1.5～3千克，间隔5～7天。生长后期要注意氮、磷、钾肥平衡施用，减少氮肥用量，补充中量元素如镁、钙及微量元素，促进花芽分化，使枝条老熟膨大，储备足够营养为翌年结果打下基础。

2. 成年树的施肥

（1）基肥

葡萄收获后1个月内每亩施腐熟新鲜有机肥1～2吨（存放半年以上的有机肥肥效不好，发酵腐熟好的有机肥在1～2个月内使用为佳），促进树势恢复，为下造稳产优质打下基础。

（2）追肥

①萌芽前追施氮肥能起到促进枝叶和花穗发育、迅速扩大叶面积的作用。

②对花穗较多的葡萄树，在开花前追施氮肥并配施一定量的磷肥和钾肥，有增大果穗、减少落花的作用，用量为当造施用量的1/5左右。

③开花后到果实着色（果实如绿豆粒大小时开始到着色）是一年中葡萄吸收肥料最多的时期，追施充足的完全肥料有促进果实发育和协调枝叶生长的作用。施用量根据长势而定，长势较旺时，施用量宜小；长势较差时，施用量应大一些。一般为当造施用量的2/5。

④在果实着色的初期，可适当追施少量氮肥并配合磷、钾镁肥，以促进浆果迅速增大和含糖量提高，增加果实的色泽，改善果实的内外品质。后期施肥以磷钾肥为主。

追施肥料应根据葡萄长势而定，夏果整体追肥每亩施用15：12：15复合肥60～80千克，冬果每亩施50～60千克。每次每亩撒施5～10千克，前期10～15天施1次，花后10天施1次。滴灌前期根据树势每次每亩施氮素为主的水溶肥1～2千克，5～7天施1次，结合补钙，可采用硝酸钙追施，花后过渡到平衡施肥，缺镁区域此期要注意补镁，每次每亩施复合水溶肥2千克。追肥用量和时间根据葡萄生长情况灵活操作。

（二）采用滴灌及微喷技术

采用滴灌和微喷可以均匀稳定灌溉，使葡萄长势稳定，水肥容易控制，节水节肥。使用时要注意控制灌溉时间，以水浸透深度不超过根系分布的深度为准，避免浪费；微喷一般不超过30分钟，滴灌不超过2小时；果实迅速膨大期隔天灌溉1次，限根栽培的每天灌1（阴天）～3（晴天高温）次，微喷每次20分钟；漏水严重的沙壤土要缩短灌水间隔期；这个时期保证足够的水分是葡萄果粒膨大的基本条件；葡萄成熟期适当减少供水，以保证品质；水田栽培可以采用沟灌。

（三）保证养分均衡、持续、及时和正确提供

葡萄的施肥量及施肥时期要根据葡萄发育阶段和树体生长状况来进行，关键时期增加施肥量，如花前注意补硼，以促进花器发育和授粉受精；果实发育前期注意补钙，增加植株抵抗力，减少气灼；经常发现的缺素症状如缺镁和缺铁，要提前对症补肥；成熟前期要注意补镁，保持叶片光合作用的能力；果实迅速膨大期需肥量大要及时追肥，葡萄收获后及时施有机肥补充树体营养，以促进葡萄储备足够的养分等。葡萄施肥是否充足可以从葡萄叶

葡萄缺镁症状

葡萄缺铁症状

片、新梢长势看出来，要根据树势强弱及时调整施肥的配方、次数和用量。

（四）葡萄园的排水

选择葡萄园址时要了解该区域的历史，注意避开有洪涝灾害发生的地方。葡萄被水淹2～3天则树势衰弱甚至死亡。建园时要设计好排水渠道，使果园雨水及时通畅排出园外；水田栽培时要采用起垄栽培或限根栽培，以提高根系分布深度，避免水害。

九、葡萄一年两收栽培技术

葡萄一年两收栽培是指葡萄一年开2次花、结2次果、收获2次葡萄的栽培模式。按照两造葡萄的果实生育期是否重叠，可分为2种栽培类型：一种是两代不同堂模式，从萌芽到果实成熟，两造葡萄的果实生育期是不重叠的。在露地种植的条件下，葡萄一年两收技术只能在生长期长、热资源丰富的热带和亚热带地区实现。在设施栽培条件下，在北京、新疆、山东等北方葡萄老产区，都有成功案例，明显提高设施栽培效益。另一种是两代同堂模式，两造葡萄的果实生育期是重叠的，而且可以实现多次果实生育期的重叠，在一年内实现多收。葡萄一年两收栽培是调节葡萄产期，增加单位面积产量，促进农民增收的一种好模式。

（一）葡萄一年两收栽培模式及适宜区域

主要有两造果不重叠生长的两代不同堂栽培模式和两造果重叠生长的两代同堂栽培模式。

1. 两代不同堂一年两收栽培模式

两代不同堂栽培模式即一造果、二造果不重叠生长的栽培模式，就是在葡萄一造果（夏果）采收后，采用破眠技术使葡萄休眠芽不经冬季休眠而在当年夏季萌芽开花结第二造果（冬果）的栽培模式。

生长过程（以南宁巨峰葡萄为例）：1月修剪，1月下旬至2月中旬气温稳定在10℃以上时催芽，3月下旬至4月上旬开花，6月中旬至7月上旬收一造果（夏果）。夏果收获后施肥，恢复树势，8月中下旬修剪（晚熟品种宜早，早熟品种可以晚一些），同时人工去除全部叶片并催芽，5~8天后萌芽，开启当年第二个生育周期，12月下旬采收二造果（冬果）。

两代不同堂栽培模式由于一造果、二造果不在同一时期在树上生长，因此，两造果生长没有相互干扰，既能确保一造果早熟上市，又使二造果极晚熟（元旦前后）上市，栽培管理方便，是南亚热带地区进行一年两收葡萄栽

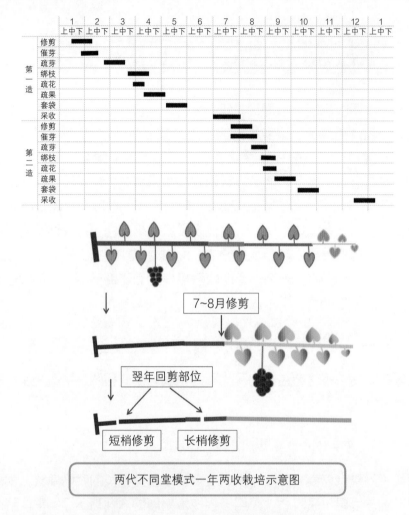

两代不同堂模式一年两收栽培示意图

培的首选模式，一般适宜年均气温高于20℃的地区。

2. 两代同堂一年两收栽培模式

两代同堂栽培模式即一造果、二造果重叠生长的栽培模式，就是在一造果（夏果）幼果生长期通过摘心控梢等措施，促使副梢冬芽当年萌发再结第二造果（秋冬果），葡萄夏果、秋冬果在一个时期内同时在树上生长的栽培模式。

生长过程：1月中下旬修剪，2月下旬至3月中旬冷尾暖头（上一个冷空气结束）气温稳定在10℃以上时催芽，4月下旬至5月上旬开花，一造果（夏果）坐稳后施肥，促进新梢生长，同时在花上2～3片叶处人工摘心促进叶片老熟和花芽分化，留顶端副梢3～4片叶摘心，这时视长势再留顶端副梢1～3片叶摘心促花。在6月进行绿枝修剪，促使冬芽萌发并开花结二造果。6月下旬至8月上中旬收第一次果（夏果），10～11月采收第二造果（秋冬果）。

年均气温低于20℃的地区若采用两代不同堂一年两收栽培模式，二造果会因生长积温不足而果实不能完全成熟。因此，在这些地区适宜采用两代同堂一年两收葡萄栽培模式。

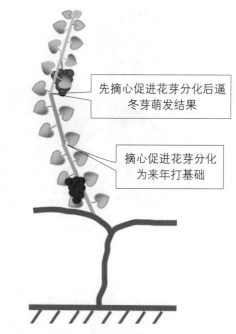

先摘心促进花芽分化后逼冬芽萌发结果

摘心促进花芽分化为来年打基础

两代同堂模式一年两收栽培示意图

葡萄一造果与二造果同堂

葡萄二造果与三造果同堂

（二）几个适宜一年两收栽培的葡萄品种

葡萄不同品种形成2次花、生产2次果的能力有差异，宜选择容易形成二次花且在当地气候条件下能正常成熟的品种。目前生产上进行一年两收栽培的葡萄品种主要有以下几种。

（1）巨峰

欧美杂交种，四倍体中熟品种。树势强，抗病力较强，适应性强，但栽培不当时落花落果严重。平均穗重约450克，平均粒重约9克，可溶性固形物含量为17%～19%。果皮紫黑色，肉软多汁，味甜，有草莓香味。由于成花容易，巨峰一年两收模式下坐果率高，适于多种模式的一年两收栽培。

（2）温克

欧亚种，晚熟品种。植株生长势旺盛，花芽分化好，坐果率高，成熟期易裂果。果皮紫黑色，果肉硬脆，口感浓甜，可溶性固形物含量为19%～20%。穗重500～600克，粒重8～10克。成花容易，但晚熟，只适于两代同堂模式栽培。

（3）美人指

欧亚种，晚熟品种。植株生长势旺盛，穗重600～800克，粒重8～10克，可溶性固形物含量为16%～18%。果皮先端鲜红色，基部色泽变淡，外观艳丽。果肉脆，味甜，无香味。晚熟，适于两代同堂模式栽培。

（4）夏黑

欧美杂交种，三倍体早熟无核品种。植株生长势旺盛，花芽分化好。果皮紫黑色，果肉硬脆，可溶性固形物含量为19%～20%。自然粒重约3克，栽培时需经赤霉素处理，处理后穗重600～800克，粒重8～10克。产量宜控制在每亩1000～1250千克；如果产量过高，则着色差、成熟期推迟、溃疡病发生严重。促花易，适于多种模式一年两收栽培。

（三）葡萄一年两收栽培关键技术

1. 两代不同堂模式一年两收栽培关键技术

（1）促进花芽分化

花前4～5天花序以上留4～6片叶摘心，摘心后顶端保留1条副梢 3～4片叶时摘心，摘心后再次萌发副梢则2～3片叶时摘心；顶端以下副梢可视品种及枝叶密闭情况抹除或保留花序位置副梢2～3片叶时摘心。整个生长期及时分批摘除卷须，并及时绑缚新梢均匀分布架面。植株生长过旺可以对新梢部位喷施磷酸二氢钾、矮壮素（阳光玫瑰不宜）混合液1～2次，以抑制新梢旺盛生长，促进花芽分化良好。

春季夏果（一造果）摘心促进花芽分化

（2）采后管理

6月上旬至7月上旬为果实成熟期，采果后的管理要到位。采果后及时修剪病虫枝、弱枝并喷1次杀菌杀虫剂清园，按每亩1吨施有机肥，并每7～10天喷1次磷酸二氢钾或氨基酸钾溶液，新梢长势旺的要摘心控好副梢，以促进花芽分化和枝条老熟，使树体营养积累。

修剪时间：为确保冬葡萄在12月下旬成熟时的品质，根据葡萄园地区、品种成熟期选择修剪催芽时间，如巨峰葡萄在南宁于处暑前修剪，柳州则在立秋前修剪；夏黑葡萄在南宁于白露前修剪，柳州则在处暑前修剪。

修剪方法：用上茬的正常结果枝或营养枝作结果母枝，修剪至芽眼饱满处，一般留芽5～11个，每条结果母枝用单氰胺逼迫剪口芽萌发。为减少伤流可以在催芽5～7天后才人工摘除全部叶片。每条结果母枝留1个结果枝和1穗果。

留叶修剪以减少伤流

拉长花序：萌芽后5～6片叶时用1～2毫克/升的赤霉素溶液全株喷雾1～2次（阳光玫瑰葡萄不宜），以促进花序伸长，小果梗展开，方便整理果穗和套袋。整个生长期要及时分批摘除卷须，并及时绑缚新梢使其均匀分布于架面。

（3）水肥管理

冬果新梢生长前期要比春果生长快1倍，萌芽20天左右就会开花，天气炎热，葡萄蒸腾量大，因此要特别加强肥水管理。首先要保障充足供水，滴灌每天要给水2次。除每亩施足1吨有机肥外，还要注意追施化肥，补足营养，促进叶片枝梢老熟。同时补充钙镁肥，并在中后期喷施含综合性微量元素的叶面肥。后期注意防风防寒，有条件的可以在11月下旬冷空气来前开始保温，确保叶片不受低温伤害，提高叶片光合效率。

（4）病虫害防治

修剪后至萌芽前：进行夏季清园，将葡萄园中修剪下来的枝蔓、残枝、残果、果梗等及时清理干净。催芽后鳞芽萌动未见绿期喷1次2～3波美度石硫合剂，消灭病原和害虫。

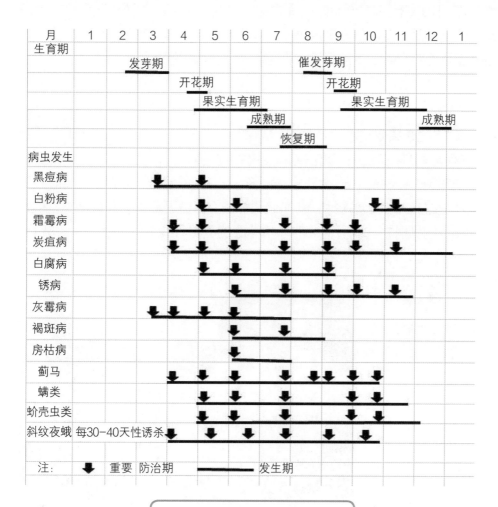

一年两收病虫害防控图

新梢生长期至开花前：葡萄二造果发芽时，温度高、湿度大，特别适宜霜霉病和蓟马的发生发展，严重时造成冬果颗粒无收，是危害冬果最严重的病虫害。因此发芽前期要重点预防霜霉病和蓟马的为害。在2～3叶期开始用药，在雨水多、头茬发生霜霉病情况下可选用50％安克（烯酰吗啉）1500～2000倍稀释液、69％安克·锰锌1500～2000倍稀释液或72％霜脲氰（克露）500～600倍稀释液喷1～2次。特别注意蓟马的发生情况，如高温干旱时蓟马为害加重，间隔4～5天用25％阿克泰水分散颗粒剂3000～4000倍稀释液和10％吡虫啉2000倍稀释液轮换喷杀2～3次。为防控灰霉病、炭疽病、霜霉病等，花前最好选用25％阿米西达悬浮剂1500倍稀释液喷1次。其他病虫害的防治可以参考本书"葡萄常见病虫害防治"。

2. 两代同堂模式一年两收栽培关键技术

（1）二造果促花方法

5月上旬开花前，花节位上留2～4片叶时摘心，抹除顶端副梢以外的副梢，顶端副梢3～4片叶时摘心（较难形成二造花的品种，顶端副梢摘心后对副梢部位喷1～2次50％矮壮素500倍稀释液，促进二造花花芽分化），顶端再次萌发的副梢1～2片叶时摘心（长势旺的反复1～2片叶时摘心）。5月下旬至6月上旬，待顶端冬芽饱满时抹除顶端副梢或者剪掉顶端第一节，促使顶端冬芽（或第二节冬芽）萌发，一般萌发的新梢均带有二造花，利用这批花培育获得二造果。

修剪使下一个节位冬芽萌发结二造果时注意不要剪到枝条木质化的部位，这些位置冬芽已经开始休眠，要

摘心促进顶端冬芽花芽分化

用破眠剂才能萌发。

抹掉夏芽逼迫冬芽萌发

修剪部位

剪掉顶端枝条第一节促使下一节
饱满冬芽萌发

枝条木质化的部位冬芽
不发

在摘心促花的同时，要加强肥水管理，促进新梢生长。同时注意疏果控制产量，一是保证葡萄品质；二是确保新梢继续萌发并在及时摘心情况下形成花芽。过大的果实负载量既难以保证葡萄正常成熟，又使新梢无法继续生长和成花。

还要严格控制二造果的产量，在年光照时数1200～1600小时的广西，一造果产量控制在1250千克/亩左右，二造果不宜超过1000千克/亩。在年光照时数超过2000小时的地区如云南建水，肥水有保障时两造果亩产量均可以控制在1500～1800千克/亩，如一造果超过2000千克/亩，二造果不宜超过1000千克/亩，以确保果实成熟及品质优良。

二造果开花及幼果生长在高温阶段，一定要更加注意蓟马及霜霉病的防控。具体方法请参考本书"葡萄常见病虫害防治"。

十、葡萄常见病虫害防治

（一）主要真菌性病害

1. 灰霉病

为害特点：灰霉病主要为害果实，在生长期和贮藏期均可发生。在春季多雨的地区，早春也会侵染葡萄的花序、幼芽、幼叶和新梢。

为害症状：叶片受害从边缘或比较薄的地方开始，被侵染后形成较大面积的褐色腐烂。花序、幼芽和新梢受害，先呈褐色腐烂，导致干枯；气候潮湿时，在嫩芽病组织上形成鼠灰色的霉层。近成熟期，果穗开始出现症状，果实腐烂，病部着生鼠灰色的霉层。比较紧的果穗，果粒相互挤压，病害逐渐扩展蔓延，霉层逐渐侵染整个果穗。黄绿色品种感染果粒变褐色，其他颜色品种感染果粒变红色。

灰霉病为害叶片状

灰霉病为害花序状

灰霉病为害嫩芽状

灰霉病为害果穗状

防治措施：

①展叶5~6片时，喷施50％异菌脲可湿性粉剂500~1000倍稀释液或50％咯菌腈可湿性粉剂5000倍稀释液，防止嫩梢、嫩叶感染。

②开花前、盛花期及其后10天各喷施内吸性药剂40％嘧霉胺悬浮剂1000~1500倍稀释液或50％啶酰菌胺水分散粒剂1500倍稀释液，防治花穗感染。

③葡萄果穗修剪后套袋前，喷施35％氟菌·戊唑醇悬浮剂2000倍稀释液或42.4％唑醚·氟酰胺悬浮剂4000倍稀释液，防止修剪后灰霉病病菌从伤口入侵，也可兼治白粉病、白腐病等其他真菌病害。

2. 霜霉病

为害特点：葡萄霜霉病主要为害叶片，也侵染新梢、幼果等幼嫩组织。多雨气候易发病，雨水在叶片持续4个小时不干，霜霉病病菌孢子囊就开始萌发侵染致病。5~7月为发病高峰期，可持续到12月。露地栽培发病严重，避雨栽培发病较轻。

为害症状：叶片被害，边缘出现不清晰的淡黄色水渍状小斑点，以后逐渐扩大为褐色不规则形或多角形病斑，数斑相连变成不规则形大斑；天气潮湿时，病斑背面产生白色霜霉状物。嫩梢受害，形成水渍状斑点，后变为褐色略凹陷的病斑，潮湿时病斑也产生白色霜霉状物。幼果被害，病部褪色，变硬下陷，上生白色霜霉状物，易萎缩脱落；果粒半大时受害，病部褐色至暗色，软腐早落；果实着色后不再被侵染。

叶片感染霜霉病后腹面黄斑症状

叶片感染霜霉病后背面白色霜霉霉层症状

霜霉病为害花序状

霜霉病为害幼果状

防治措施：

①开花前后，喷施内吸性药剂100克/升氰霜唑悬浮剂2000～2500倍稀释液，防止叶片花穗感染。

②谢花后，可喷施50%烯酰吗啉可湿性粉剂1500～2000倍稀释液，防止幼果感染。

③套袋后，可喷施33.5%喹啉铜悬浮剂750～1500倍稀释液或80%波尔多液可湿性粉剂300～400倍稀释液保护叶片。

④若霜霉病已大面积发生，可在无雨天将病叶摘除并销毁，先喷1次100克/升氰霜唑悬浮剂2000～2500倍稀释液或30%氟吗啉悬浮剂1200～1500倍稀释液，注意喷施叶片背面，再喷施1次保护性药剂33.5%喹啉铜悬浮剂750～1500倍稀释液或80%波尔多液可湿性粉剂300～400倍稀释液。

⑤雨水多的地区可采用避雨栽培，避雨后可减少喷药防治次数。

3. 溃疡病

为害特点：主要引起果实腐烂、落果和枝条溃疡。为弱寄生菌，借风力和雨水传播，5月病菌孢子开始出现。果实转色期发病与树势有很大关系，树势弱发病重，树势强发病轻。

为害症状：果实转色期，果梗处出现一小截黑褐色病斑，导致果粒逐渐变软失去生机；穗轴出现黑斑向下发展引起果梗干枯，致使果实腐烂脱落，有时果实不脱落，但逐渐干缩。在田间还观察到大量当年生枝条出现灰白色梭形病斑，病斑上着生许多黑色小点。

溃疡病为害穗轴状

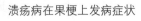
溃疡病在果梗上发病症状

感染溃疡病的果粒变干枯

感染溃疡病的枝条

防治措施：

①幼果膨大期可增施腐殖酸、海藻酸等促根肥料，以提高树势，这是预防葡萄溃疡病最基本的措施。

②果穗套袋前，喷施60％唑醚·代森联水分散粒剂1000～2000倍稀释液或250克/升苯醚甲环唑乳油2000～3000倍稀释液预防果穗发病。

4. 褐斑病

为害特点：只为害老熟叶片。一般先由植株下部叶片开始发病，逐渐向上部发展。病菌在高温多湿的环境下繁殖迅速，发病初期为5月。

为害症状：叶片表面形成直径2～3毫米、大小一致的圆形病斑，病斑呈深褐色，中部颜色稍浅，后期病斑背面长出一层明显的褐色霉状物。

叶片感染褐斑病后腹面症状

叶片感染褐斑病后背面症状

防治措施：

①5月初，喷施保护性杀菌剂50％保倍水分散粒剂或75％代森锰锌水分散粒剂3000～4000倍稀释液。

②若已发生为害，可喷施内吸性药剂80％戊唑醇6000倍稀释液，隔5天再喷施40％氟硅唑8000倍稀释液（该药具有轻微的抑制生长作用，不能喷到果穗上）。

5. 白腐病

为害特点：主要为害果穗，靠近地面的葡萄先发病。果梗和穗轴被侵染后，气候适宜时3～5天可发展至果粒。冰雹、长时间雨后、洪水过后的高湿结合温暖的气候（24～27℃）会造成白腐病流行。

为害症状：果粒从果梗基部发病，表现为色淡软腐，全粒软腐后出现褐色小脓包状突起，在表皮下形成小粒点（分生孢子器），但不突破表皮。成熟的分生孢子器为灰白色小粒点，使果粒表皮发白。

果实发育早期感染白腐病症状

果实发育后期感染白腐病症状

防治措施：

①花序分离期、谢花后7天、成熟前半个月是防治白腐病的关键，可喷施内吸性药剂10%戊菌唑乳油2500～5000倍稀释液或10%烯肟·戊唑醇悬浮剂880～1300倍稀释液。

②暴雨、洪水等过后最易诱发白腐病，注意及时对果穗喷施药剂。

6. 炭疽病

为害特点：炭疽病主要为害果实，也为害穗轴、新枝蔓、叶柄、卷须等绿色组织。病菌发育最适温度为20～29℃，具有潜伏侵染的特性，到果实转色期才陆续表现。

为害症状：病菌侵染幼果，病果粒表现为黑褐色、蝇粪状病斑，但基本看不到发展。成熟期或成熟的果实染病后，初期表现为褐色、圆形斑点，而后逐渐变大并开始凹陷，在病斑表面逐渐生长出轮纹状排列的小黑点（分生孢子盘）。天气潮湿时，小黑点变为小红点（肉红色），类似于粉状的黏状物为炭疽病的分生孢子团，这是感染炭疽病的典型症状。有些品种染病后有时在果实转色期穗梗出现褐变。

幼果感染炭疽病症状

果实感染炭疽病中期症状

果实感染炭疽病后期症状

81

防治措施：

①采用避雨栽培和果实套袋技术可有效预防炭疽病，开花前后的喷药保护很重要。幼果套袋前需喷施25％咪鲜胺乳油1000～1200倍稀释液，果穗内外均要喷到位。

②冬季清园应剥除老皮，喷施3～5波美度石硫合剂，用生石灰：硫黄：水=1：2：10的混合液涂干，可减少病原基数。

7. 白粉病

为害特点：主要为害叶片、新梢及果实。以菌丝在被害组织上或芽内越冬，翌年形成分生孢子通过气流传播，在较低的大气湿度下分生孢子就能萌发。该病在23～30℃时发展最快，在干旱的夏末秋初易发病。栽植过密、通风透光不良也能促进病害发展。

为害症状：葡萄叶片上产生白色或褪绿小斑，病斑渐扩大，表面长出粉白色霉斑，严重的遍及全叶，致叶片卷缩或干枯。果实发病时，首先褪绿斑上出现黑色星芒状花纹，上覆盖一层白粉，即病菌的菌丝体、分生孢子梗和分生孢子。后期病果表面细胞坏死，呈现网状线纹。病果不易增大，易开裂，果皮着色不正常，果实发酸，穗轴和果实容易变脆。幼果发病时易枯萎脱落。

白粉病为害叶片状

白粉病为害果穗状

防治措施：

①防治白粉病的关键是在谢花后喷施4%四氟醚唑水乳剂450～680倍稀释液。

②注意叶幕合理分布，通风透光，发病后及时摘取病叶，尽量使叶片重叠，并喷施25%烯唑醇悬浮剂1000～2000倍稀释液或50%醚菌酯3000～4000倍稀释液防治。

（二）主要害虫

1. 蓟马

为害特点：若虫和成虫锉吸葡萄幼果、嫩叶、枝蔓和新梢的汁液。

为害症状：幼果受害初期，果面上形成纵向的黑斑，使整穗果粒呈黑色。后期果面形成纵向木栓化褐色锈斑，严重时会引起裂果，降低果实的品质。叶片受害后先出现褪绿黄斑，后变小，发生卷曲，甚至干枯，有时还出现穿孔。

| 蓟马若虫 | 蓟马为害幼果状 |

蓟马为害叶片状

蓟马为害后的叶片背面症状

防治措施：

①防治关键期为开花前和谢花后，可喷施70％吡虫啉水分散粒剂1500～2500倍稀释液、0.5％苦参碱水剂500～800倍稀释液或60克/升乙基多杀菌素悬浮剂1000～2000倍稀释液。

②开花前、谢花后果实坐稳时配合喷施99％绿颖矿物油乳油300～400倍稀释液效果尤佳（矿物油使用需注意温度高于35℃易产生药害，花期使用会伤花，果实膨大期使用会伤及果粒）。

③园内挂黄色黏虫板或蓝色黏虫板监控和诱杀蓟马。

2. 螨类

为害特点：以成螨、幼螨集中在葡萄的叶芽、嫩梢、叶片上刺吸为害，常造成二次发芽开花，削弱树势，严重影响花芽形成和翌年的产量。

为害症状：叶片受害初期呈现很多褪绿小斑点，后期逐渐扩大成片，严重时整叶焦枯而提早脱落。

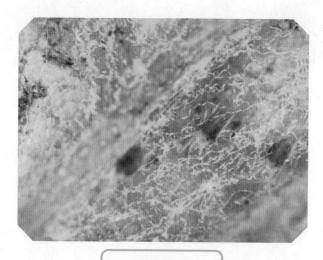

朱砂叶螨

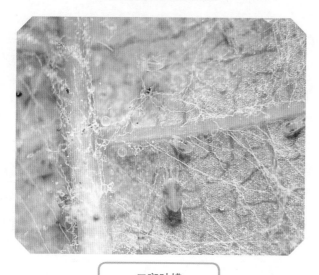

二斑叶螨

蟥为害枝叶状

防治措施：

①冬芽吐露褐色茸毛时，是防治螨类的关键期，喷3～5波美度石硫合剂（加展着剂）。

②花后要注意螨虫为害，发现局部为害要及时全园用药。对局部发生严重的地方，第一次用药后7天再喷1次杀螨剂。可选用99%绿颖矿物油乳油300～400倍稀释液混合240克/升螺螨酯悬浮剂4000～6000倍稀释液或15%哒螨灵乳油2200～3000倍稀释液。

3. 叶蝉类

为害特点：叶蝉类成虫和若虫主要在5～10月吸食葡萄芽、叶、枝梢的汁液。

为害症状：被害叶片的表面初期出现黄白色斑点，之后扩大成片，严重时全叶苍白掉落。其卵多产于叶背主脉内。

叶蝉为害叶片状

葡萄斑叶蝉

防治措施：

①发芽后，混合喷施99％绿颖矿物油乳油300～400倍稀释液和高效氯氟氰菊酯悬浮剂3000倍稀释液，可降低越冬代成虫数量，这是防控叶蝉类的第一个关键期。

②开花前后1代若虫出现，喷施70％吡虫啉水分散粒剂1500～2500倍稀释液和99％绿颖矿物油乳油300～400倍稀释液，这是防控叶蝉类的第二个关键期。

4. 粉蚧

为害特点：以若虫和雌成虫刺吸葡萄嫩芽、嫩叶、果实、枝干的汁液。

为害症状：嫩枝受害后，被害处肿胀，严重时造成树皮纵裂而枯死。果实被害时组织坏死，出现大小不等的褐斑、黑斑或黑点，产生的白色棉絮状蜡粉污染果实；蜜露排泄到果实、叶片、枝条上，造成污染，湿度大时蜜露处受杂菌污染，形成煤烟病。

葡萄粉蚧

粉蚧为害果穗状

粉蚧为害新梢状

粉蚧为害根系状

防治措施：

①抓住各代若虫孵化盛期，防治第一代若虫可在花序分离到开花前，喷施噻虫嗪水分散粒剂3000倍稀释液。

②粉蚧盛发期，可用99%绿颖矿物油乳油300~400倍稀释液或植物油1000倍稀释液混合40%螺虫·毒死蜱悬乳剂3000倍稀释液，破坏成虫蜡质层，杀灭粉蚧。

5. 金龟子类

为害特点：金龟子类成虫为害葡萄叶部和果穗，幼虫为害根部，成虫在4月底出现，5月中旬至6月中旬盛发，昼伏夜出，阴雨天可全天取食。

为害症状：成虫取食叶片造成缺刻或孔洞，果实转色期后啃食果粒，造成伤口引起灰霉病或酸腐病等，具有趋光性和假死性，产卵于浅土层。幼虫生活在土中，为害根部。

铜绿丽金龟为害果穗状

犀金龟为害果穗状

金龟子为害果粒状

防治措施：

①金龟子发生严重的地块可用50％辛硫磷乳油1000～1200倍稀释或48％毒死蜱乳油1500～2000倍稀释液灌根，毒杀金龟子幼虫。

②5月在田间放置糖醋液（红糖：醋：白酒：敌百虫：水＝1：2：0.4：0.1：10）可有效诱杀金龟子成虫。

6. 葡萄根瘤蚜

为害特点：仅为害葡萄属植物，根据为害部位和虫态特征分为根瘤型和叶瘿型，在中国主要发现的是为害根部的根瘤型。可通过枝条、苗木传播，是世界性的检疫性有害生物。以1龄若虫在葡萄主根上越冬。

葡萄根瘤蚜为害主根状

为害症状：葡萄根瘤蚜为害葡萄根部，须根受害后端部形成鸟头状（或菱角形）肿大，侧根和主根受害后形成关节形的根瘤或粗隆。该蚜只在根的一侧为害形成凹陷而另一侧肿大，这是与根结线虫的为害状最明显的区别。在田间，受害的葡萄植株初期表现为叶片缺素，枝梢生长缓慢，树势减弱，产量降低，为害逐年加重，直至植株根系死亡。

葡萄根瘤蚜为害新生根状

葡萄根瘤蚜

葡萄根瘤蚜为害根部状

防治措施：

①利用抗性砧木是解决葡萄根瘤蚜的唯一途径，可选用5BB、S04砧木。

②减少虫口数量，延缓树势衰弱，可选用内吸性药剂噻虫嗪水分散粒剂3000倍稀释液或40％螺虫·毒死蜱悬乳剂3000倍稀释液灌根，可选择在4月葡萄根瘤蚜开始大量产卵的时期施用。

（三）主要生理性病害

1. 日灼病

为害特点：日灼病是由阳光直接照射果实造成的局部细胞失水而引起的一种生理病害。果实受到强光照射后，果面温度剧烈变化，果实局部细胞失水受伤害而造成生理紊乱。发生程度与葡萄品种、树势、果穗着生位置等有关。

为害症状：发病初期果实阳面由绿色转变为黄绿色，局部变白色。病斑初期仅发生在果实表层，内部果肉不变色，继而出现火烧状褐色椭圆形或不规则形斑点，后期扩大形成褐色凹陷斑。

果穗日灼病症状

防治措施：

①在果穗周围保留可以遮挡的叶片，发生日灼前采用遮阳网遮住果穗，可减轻日灼病发生。

②注意气温较高时保证土壤供水，调整树体负载量，增强树势。

2. 气灼病（缩果病）

为害特点：气灼病是由生理性水分失调造成的生理病害。一般从幼果膨大期至转色期前均可发生。病斑一般发生在近果梗的基部或果面中上部，发生部位与阳光直射无关，土壤湿度大（水浸泡一段时间后）或遇雨水后，若忽然高温，易出现该病。

为害症状：表现为果粒失水、凹陷、表面有浅褐色斑点，病斑面积一般占果粒面积的5%～30%，严重时整个果粒干枯形成干果。

果穗气灼病症状

果粒气灼病症状

防治措施：

①防治气灼病的根本是保持水分供需平衡。施用腐殖酸、海藻酸类等促根肥料，培养健壮发达的根系以提高肥水吸收能力。

②增加有机肥施用量，促进树体健康；前期开始补钙。

③硬核期前停止新梢生长，促进根系发育。

④靠近园边处遮阳，关键期喷水，生草栽培增加果园湿度。

⑤控制第二次果实膨大期激素使用量。

⑥水田栽培的葡萄（积水导致根系受害，吸收根坏死，遇晴天气灼最重）一定要做好排水。